EXPLORATION SCIENTIFIQUE DE LA TUNISIE.

DESCRIPTION

DES

MOLLUSQUES FOSSILES

DES TERRAINS CRÉTACÉS
DE LA RÉGION SUD DES HAUTS-PLATEAUX
DE LA TUNISIE

RECUEILLIS EN 1885 ET 1886

PAR M. PHILIPPE THOMAS,

MEMBRE DE LA MISSION DE L'EXPLORATION SCIENTIFIQUE DE LA TUNISIE,

PAR

ALPHONSE PERON.

DEUXIÈME PARTIE.

PARIS.
IMPRIMERIE NATIONALE.

M DCCC XC – M DCCC XCI.

ORATION SCIENTIFIQUE DE LA TUNISIE.

ÉNUMÉRATION DES HÉMIPTÈRES RECUEILLIS EN TUNISIE EN 1883 ET 1884

PAR MM. VALERY MAYET ET MAURICE SÉDILLOT,
MEMBRES DE LA MISSION DE L'EXPLORATION SCIENTIFIQUE DE LA TUNISIE,

SUIVIE

DE LA DESCRIPTION DES ESPÈCES NOUVELLES.

PAR

A. PUTON,
DOCTEUR EN MÉDECINE, MEMBRE HONORAIRE DE LA SOCIÉTÉ ENTOMOLOGIQUE DE FRANCE.

PARIS.
IMPRIMERIE NATIONALE.

M DCCC LXXXVI.

EXPLORATION
SCIENTIFIQUE
DE LA TUNISIE,

PUBLIÉE

SOUS LES AUSPICES DU MINISTÈRE DE L'INSTRUCTION PUBLIQUE.

ZOOLOGIE. — HÉMIPTÈRES.

EXPLORATION SCIENTIFIQUE DE LA TUNISIE.

ÉNUMÉRATION DES HÉMIPTÈRES

RECUEILLIS EN TUNISIE

EN 1883 ET 1884

PAR MM. VALERY MAYET ET MAURICE SÉDILLOT,

MEMBRES DE LA MISSION DE L'EXPLORATION SCIENTIFIQUE DE LA TUNISIE,

SUIVIE

DE LA DESCRIPTION DES ESPÈCES NOUVELLES.

PAR

A. PUTON,

DOCTEUR EN MÉDECINE, MEMBRE HONORAIRE DE LA SOCIÉTÉ ENTOMOLOGIQUE DE FRANCE.

PARIS.

IMPRIMERIE NATIONALE.

M DCCC LXXXVI.

MM. Valery Mayet et Maurice Sédillot, membres de la Mission de l'exploration scientifique de la Tunisie, m'ayant fait l'honneur, avec l'autorisation du président de la Mission, de me charger de la détermination des Hémiptères qu'ils ont recueillis dans leurs voyages en Tunisie, je me suis empressé de m'acquitter de cette tâche, et je les remercie d'autant plus d'avoir augmenté nos connaissances sur la faune hémiptérique de ce pays que leurs études spéciales ont pour objet les Coléoptères.

On trouvera dans les comptes rendus qu'ils en feront eux-mêmes l'itinéraire de leurs explorations; il sera ainsi facile d'y trouver, par l'indication des localités que je cite, la part qui revient à chacun d'eux, et je ne mentionnerai leurs noms[1] que pour les espèces les plus intéressantes.

Le nombre des espèces que ces explorateurs ont recueillies est de 226, dont 11 sont nouvelles pour la science.

M. le Dr Ferrari a déjà publié, en 1884, dans les Annales du Musée civique d'histoire naturelle de Gênes[2], une liste des Hémiptères récoltés en Tunisie, surtout par M. le marquis Doria; cette liste renferme 191 espèces, dont 7 nouvelles. Sur ces 191 espèces, 91 n'ont pas été retrouvées par nos explorateurs français, qui, par contre, en ont trouvé 126 non énumérées par M. Ferrari. En outre, 10 autres espèces ont été trouvées par M. Marius Blanc à La Goulette et par M. Deschamps à Dar-el-Bey (Enfida), ce qui porte à 327 le nombre des espèces connues aujourd'hui en Tunisie.

Ce nombre s'augmentera encore considérablement par des explorations ultérieures; mais il est déjà suffisant pour se rendre un compte assez exact de la faune de la Tunisie. Cette faune, comme celle de

---

(1) L'abréviation (M.) représente le nom de M. Valery Mayet et (S.) celui de M. Maurice Sédillot.

(2) *Annali del Museo civico di Storia Naturale di Genova*, série 2, vol. I (1884).

l'Algérie, en renferme deux bien différentes : celle du nord, très variée et très riche, mais très analogue à celle de la Sicile et du nord de l'Algérie; celle du sud, plus intéressante, qui présente les mêmes caractères que celle du Sahara algérien, et dans laquelle j'ai retrouvé plusieurs de mes vieilles connaissances de Biskra. Ainsi que nous l'avons remarqué, M. Lethierry et moi (*Faunule des Hémiptères de Biskra,* 1874), cette faune de la région des Chott est un mélange de la faune méditerranéenne avec la faune africaine et même avec la faune caspienne. Nous avons un nouvel exemple de ce fait dans la découverte en Tunisie de l'*Agraphopus viridis* Jak., espèce qui n'avait encore été rencontrée que dans la région caspienne.

ÉNUMÉRATION
DES HÉMIPTÈRES
RECUEILLIS EN TUNISIE
EN 1883 ET 1884.

PENTATOMIDES.

1. **Odontotarsus grammicus** L. — Tunis.

2. **Psacasta exanthematica** Scop. forma minor Fieb. — El-Djem (S.), Madjoura (M.).

3. **Psacasta Lethierryi** Put. — Djebel Berd (M.).

M. V. Mayet n'a recueilli qu'un exemplaire de cette espèce dont j'ai vu aussi un exemplaire de Batna et un autre de Tanger.

4. **Eurygaster maura** L. — Aïn-Draham (S.).

5. **Eurygaster maroccana** F. — Tunis.

6. **Odontoscelis fuliginosa** L. — El-Kef (S.).

7. **Odontoscelis dorsalis** F. — Sousa.

8. **Trigonosoma falcatum** Cyrill. — Oum-Ali (M.).

9. **Trigonosoma aeruginosum** Cyrill. — Ellez, Kessera (S.).

10. **Ancyrosoma albolineatum** F. — Sidi-el-Hani (S.).

11. **Graphosoma semipunctatum** F. — Gafsa.

12. **Graphosoma lineatum** L. — Aïn-Draham (S.).

13. **Putonia torrida** Stål. — Sfax (M.).

Insecte très rare trouvé à Batna, puis à Géryville et enfin en Andalousie. — Une autre espèce de ce genre, trouvée dans le Turkestan, vient d'être décrite par M. Jakowleff.

14. **Macroscytus brunneus** F. — Sfax (M.).

15. **Amaurocoris aspericollis** Put. nov. sp. — Tozzer (M.).

Un seul exemplaire a été trouvé par M. V. Mayet. Voir sa description à la fin de cette notice.

16. **Cydnus flavicornis** F. — La Goulette, Tunis, Sfax.

17. **Geotomus punctulatus** Costa. — Tunis, Aïn-Draham (S.).

18. **Geotomus elongatus** H.-S. — Aïn-Draham (S.).

19. **Brachypelta aterrima** Forst. — La Goulette, Sousa, Monastir, Sfax, îles Kerkenna, etc.

20. **Sehirus dubius** Scop. *var.* **melanopterus** H.-S. — Djezeïret Djamour, Sousa, Sfax, Madjoura, etc.

21. **Crocistethus Waltlii** Fieb. — Tunis, Sousa, Madjoura (M.), Tozzer (M.).

22. **Ochetostethus nanus** H.-S. — Aïn-Draham (S.).

23. **Menaccarus hirticornis** Put. — La Goulette, Sousa (S.).

24. **Sciocoris homalonotus** Fieb. — Aïn-Draham (S.)

25. **Sciocoris Helferi** Fieb. — Madjoura (M.).

26. **Mecidea pallida** Stål. — Un exemplaire de l'île de Djerba (M.).

Espèce de Nubie dont un exemplaire a déjà été trouvé à Biskra en 1867 par M. Lethierry.

27. **Carpocoris fuscispinus** Boh. — Aïn-Draham (S.).

28. **Carpocoris lunula** Fab. — Sousa.

29. **Carpocoris baccarum** L., Fieb. (*C. Verbasci* de G.). — Tunis, Aïn-Draham (S.), Tozzer (M.).

30. **Brachynema virens** Germ. — Sfax (M.).

31. **Brachynema cinctum** F. — Tunis (S.), Kairouan (S.), Sfax (M.).

32. **Brachynema triguttatum** Fieb. — Kairouan (S.).

33. **Chroantha ornatula** H.-S. — Tunis (M.), Kairouan (S.).

34. **Nezara Heegeri** Fieb. — Djebel Sened sur les genévriers, Chott El-Djerid (M.).

35. **Nezara viridula** L. — Tunis.

36. **Piezodorus incarnatus** Germ. — La Goulette.

37. **Holcogaster fibulata** Germ. — Oued Marguelil (S.), Djebel Sened, sur les genévriers (M.).

38. **Eurydema pictum** H.-S. — Sidi-el-Hani (S.).

39. **Eurydema decoratum** H.-S. — Tunis, Oued-Zergua (S.).

CORÉIDES.

40. **Prionotylus brevicornis** Mls.-R. — Aïn-Draham (S.).

41. **Phyllomorpha laciniata** Vill. — Gafsa (S.).

42. **Centrocoris variegatus** Kol.; Horv. — Tunis (S.), Oued-Zergua (M.).

43. **Cercinthus Lehmanni** Kol. — Gafsa (S.), un exemplaire.

Espèce très intéressante qui se trouve en Syrie et au Caire.

44. **Verlusia sulcicornis** F. — Tunis, Thala (M.), Tozzer (M.).

45. **Gonocerus Juniperi** H.-S. — Djebel Sened, sur les genévriers (M.).

46. **Pseudophlœus Fallenii** Schill. — Sousa, Gabès.

47. **Pseudophlœus Waltlii** H.-S. — Hammam-el-Lif, El-Kef, El-Djem.

48. **Bothrostethus elevatus** Fieb. — El-Djem (S.).

49. **Strobilotoma typhæcornis** Fab. — La Goulette.

50. **Camptopus lateralis** Germ. — Tunis, Sousa.

51. **Stenocephalus agilis** Scop. — Sousa, Sfax, Gafsa.

52. **Therapha Hyoscyami** L. *var.* **nigridorsum** Put. — Aïn-Draham (S.), Gafsa (M.).

53. **Corizus crassicornis** L. — Aïn-Draham (S.).

54. **Corizus lepidus** Fieb. — Tunis.

55. **Corizus hyalinus** F. — Djezeïret Djamour (M), Kessera (S.), Madjoura (M.), Tozzer (M.).

56. **Corizus tigrinus** Schill. — Tunis.

57. **Agraphopus viridis** Jak. — Sousa (S.).

Cette espèce n'était connue que de la région Caspienne.

LYGÉIDES.

58. **Lygæus militaris** F. — Tunis, Ellez (S.), Kessera (S.), Sousa (M.), îles Kerkenna (M.).

59. **Lygæus equestris** L. — La Goulette.

60. **Lygæus pedestris** Stål. — Tunis, El-Kef, Sousa, îles Kerkenna, etc.

61. **Lygæus gibbicollis** Costa. — Forme macroptère : Tunis (S.).

62. **Lygæus punctatoguttatus** F. — Hammam-el-Lif (S.), Sousa. – Var. à tibias rouges : Bou-Hedma (M.).

63. **Lygæosoma reticulatum** H.-S. — Tunis, Gabès.

64. **Nysius Senecionis** Schill. — Tunis.

65. **Orsillus depressus** Mls.-R. — Djebel Sened, sur les genévriers (M.).

66. **Ischnodemus Genei** Spin. — Aïn-Draham (S.).

67. **Geocoris luridus** Fieb. (*G. erythrops* Duf. – *G. obesus* Stål.). — Gafsa (S.), puits d'El-Aïa, sur les Tamarix (M.).

Il est à remarquer que le *G. erythrocephalus* Lep., qui fait comme cette espèce partie du sous-genre *Piocoris* Stål., se trouve aussi le plus souvent sur les Tamarix; les *Geocoris* proprement dits ne se trouvent que sur la terre et grimpent rarement sur les végétaux.

68. **Geocoris pallidipennis** Costa. — La Goulette, Sousa (S.), Sfax (M.).

69. **Geocoris scutellaris** Put. nov. sp. — Kairouan (S.). Un seul exemplaire.

70. **Geocoris collaris** Put. (*G. thoracicus* Put. olim). — Kairouan, Gafsa (S.).

Cette espèce n'avait encore été trouvée qu'à Biskra.

71. **Geocoris lineola** Ramb. — La Goulette, Sousa, Kessera, Gafsa, Oued Zoban.

72. **Platyplax inermis** Ramb.; Horv. — Kessera, Tozzer.

73. **Artheneis alutacea** Fieb. — Gafsa (S.).

74. **Microplax interrupta** Fieb. — Aïn-Draham, Hammam-el-Lif (S.).

75. **Microplax plagiata** Fieb. — Hammam-el-Lif, Oudref (M.).

76. **Metopoplax ditomoïdes** Costa. — Tunis (S.).

77. **Oxycarenus Lavateræ** F. — Tunis.

78. **Oxycarenus collaris** Mls.-R. — Tunis.

79. **Oxycarenus fasciatus** H.-S. — Hammam-el-Lif.

80. **Proderus suberythropus** Costa. — Tunis (S.).

81. **Rhyparochromus heteronotus** Put. nov. sp. — Entre Gabès et Bir Marabot (S.).

82. **Lamprodema maurum** F. — Tunis, Sfax.

83. **Plinthisus longicollis** Fieb. — Aïn-Draham.

84. **Pachymerus Rolandri** L. — Sidi-Messaoud.

85. **Pachymerus saturnius** Rossi. — Tunis.

86. **Microtoma leucoderma** Fieb. — Plaine de l'Arad (M.).

87. **Dieuches armipes** F. — Djezeïret Djamour, Tozzer (M.), Gafsa (S., M.).

88. **Neurocladus brachiidens** Duf. — Tunis, Kairouan, Sousa (S.).

89. **Emblethis Verbasci** F. — Tunis, Hammam-el-Lif, Sousa.

90. **Gonianotus marginepunctatus** Wolf. — Hammam-el-Lif.

91. **Lethæus Lethierryi** Put. — Route de Gabès à Gafsa (S.).

Cette espèce, très commune à Biskra, est une des plus caractéristiques de cette région ; elle se trouve aussi en Égypte.

92. **Notochilus nervosus** Fieb. — Djezeïret Djamour (M.).

93. **Pyrrhocoris ægyptius** L. — Très commun dans toute la Tunisie.

TINGIDIDES.

94. **Piesma quadrata** Fieb. — Tunis.

95. **Dictyonota truncaticollis** Costa. — Aïn-Draham, El-Kef (S.).

96. Dictyonota albipennis Bær. — Nebeur (S.).

97. Galeatus maculatus H.-S. var. **major.** — Mehedia (S.).

J'ai déjà remarqué (*Synops. Hémipt. de France*) que les exemplaires de Bône sont beaucoup plus grands que ceux d'Europe. Ceux de Tunisie sont aussi grands que ceux de Bône.

98. Monanthia Cardui L. — Aïn-Draham (S.).

99. Monanthia lanigera Put. nov. sp. — Aïn-Draham (S.).

Je possède un exemplaire semblable recueilli en Algérie, à Philippeville.

100. Monanthia geniculata Fieb. — Aïn-Draham (S.).

101. Monanthia nassata Put. — Kessera, Mehedia (S.), Sfax (M.).

HYDROMÉTRIDES.

102. Velia rivulorum F. var. **ventralis** Put. (*Enum. Syrie*). — Aïn-Draham (S.).

Des exemplaires de cette localité ont une très petite tache noire sur les segments du connexivum, mais les côtés du ventre sont sans taches: ils paraissent par conséquent établir un passage entre les *V. major* Put. et *rivulorum* F., qui probablement devront être réunies.

103. Gerris cinerea Put. — Gafsa (S.).

104. Gerris thoracica Schum. — Aïn-Draham, Sidi-Mohamed-ben-Ali, Oum-Ali.

RÉDUVIDES.

105. Ploiaria culiciformis de G. — La Goulette.

106. Harpactor erythropus L. — La Goulette, Tunis, Sousa.

107. Harpactor sanguineus F. — Aïn-Draham.

108. Harpactor lividigaster Mls.-R., var. **atripes** Put. — Aïn-Draham (S.).

109. Coranus ægyptius Fab. — Sousa.

110. Coranus angulatus Stal. — Gabès (M.). - Espèce égyptienne.

111. Holotrichius obtusangulus Stål.? — Îles Kerkenna (M.), nymphe.

Cet exemplaire n'est pas à l'état parfait, et si je le rapporte à l'*H. obtusangulus*, c'est parce que M. Ferrari cite cette espèce de Kairouan et d'Utique.

112. Reduvius personatus L. — Plaine de l'Arad.

113. Reduvius Mayeti Put. nov. sp. — Oudref près Gabès (M.).

114. Reduvius tabidus Klug. — Sfax, Djebel Eddedj (M.).

115. Oncocephalus acutangulus Reut. — Aïn-Draham (S.).

La femelle de cette espèce était inconnue; elle est brachyptère, et ses moignons d'élytres, à peine plus longs que l'écusson, présentent à leur centre une tache noire, veloutée, arrondie.

116. Oncocephalus Putoni Reut. — Aïn-Draham (S.).

117. Oncocephalus curtipennis Reut.— Aïn-Draham (S.), femelles brachyptères.

Var. **pallida.** — El-Kef (S.).

Deux exemplaires, mâle et femelle, sont bien différents par leur couleur très pâle avec un dessin brun plus apparent, mais présentent les mêmes caractères de structure.

118. Prostemma guttula F. — Carthage, Tunis, Sousa.

119. Nabis ferus L. — Aïn-Draham, La Goulette.

120. Nabis capsiformis Germ. — Kessera (S.), Sfax, Oum-Ali, sur les Tamarix (M.).

121. Nabis viridulus Spin. — Gafsa, Gabès, sur les Tamarix.

SALDIDES.

122. Salda pallipes Fab. — Souk-el-Arba (S.)

Var. **dimidiata** Curt. — Oudref (M.).

Exemplaire plus petit que ceux d'Europe avec les deux premiers articles des antennes et les tibias entièrement testacés.

123. Salda arenicola Scholtz. — Oued Leben (M.).

Exemplaire plus petit que ceux d'Europe, mais ne paraît pas cependant autrement distinct.

CIMICIDES.

124. Anthocoris nemoralis F. — Aïn-Draham, Kessera (S.).

125. Lyctocoris campestris F. — Sousa.

126. Triphleps nigra Wolff. — La Goulette.

127. Triphlex pallidicornis Reut. 1885. — Dezeïret Djamour (M.).

Cette espèce a été décrite cette année sur des exemplaires de Corse et de Sicile de ma collection.

128. Cimex lectularius L. — La Goulette, Tozzer.

CAPSIDES.

129. Acetropis carinata H.-S. — El-Djem (S.).

130. Miris calcaratus Fall. — Aïn-Draham (S.).

131. Miridius quadrivirgatus Costa. — Sousa, El-Djem (S.).

132. Phytocoris Salsolæ Put. — Hammam-el-Lif (S.), Thala (M.).

133. Ischnoscelicoris rubrinervis Reut. — Oued Bateha (M.).

Cette espèce avait été décrite sur un exemplaire d'Algérie en mauvais état, conservé au Musée d'Helsingfors; M. Reuter a bien voulu nous en donner une description plus complète faite sur les exemplaires de M. Valery Mayet.

134. Lopus rubrostriatus H.-S. nec Fieb. — Îles Kerkenna (M.).

135. Calocoris sexpunctatus Fab. — Tunis, El-Djem, Oued Bateha.

Var. **nankineus** Duf. — El Djem, Oued Bateha.

Var. **piceus** Cyrill. — El-Djem, Oued Bateha.

Var. **femoralis F.** — Aïn-Draham.

Var. **coccineus** Duf. — Kessera.

Var. **rubromarginatus** Luc. — Aïn-Draham.

136. Calocoris instabilis Fieb. — Tunis (S.), îles Kerkenna, Tozzer, puits d'El-Aïa (M.), sur les Tamarix.

137. Calocoris bipunctatus F. — Sidi-el-Hani (S.), puits d'El-Aïa (M.), sur les Tamarix.

138. Calocoris Chenopodii Fall. — Tunis, Kessera (S.).

139. Calocoris trivialis Costa. — Kessera (S.).

140. Calocoris Sedilloti Put. nov. sp. — Aïn-Draham (S.).

141. Camptobrochis punctulatus Fall. — Gafsa.

142. Dichrooscytus valesianus Mey. — Djebel Sened, sur les genévriers (M.).

143. Cyphodema instabile Luc. — Aïn-Draham, Kessera (S.).

Avec ce type se rencontrent des exemplaires à pronotum et élytres presque entièrement noirs.

144. Capsus punctum Ramb. var. **nigerrimus** Put. — Aïn-Draham (S.).

Entièrement noir, excepté les anneaux des tibias et le bord postérieur du vertex qui sont blanchâtres; un peu plus grand que le type, mais me paraît cependant appartenir à cette espèce à cause de l'écusson lisse et du deuxième article des antennes fortement renflé.

145. Lygus apicalis Fieb. — Sidi-el-Hani (S.).

146. Lygus pratensis F. — Aïn-Draham (S.).

147. Orthops Kalmii L. — Aïn-Draham (S.).

148. Halticus luteicollis Pz. var. **propinquus** H.-S. — Sidi-Mohamed-ben-Ali (S.).

149. Halticus macrocephalus Fieb. — El-Djem (S.).

150. Orthocephalus coracinus Fieb. et Put. — Aïn-Draham (S.).

151. Orthocephalus minor Costa. — Kessera (S.).

152. Orthocephalus debilis Reut. ♂. — Îles Kerkenna, puits d'El-Aïa (M.).

153. Campyloneura virgula H.-S. — Nebeur (S.).

154. Macrolophus nubilus H.-S. — Aïn-Draham (S.).

155. Systellonotus albofasciatus Luc.; Reut. — Kessera (S.), Thala (M.), Gafsa (S., M.).

156. Dicyphus Tamaricis Put. nov. sp. — Île de Djerba, sur les Tamarix (M.).

157. Dicyphus Sedilloti Put. nov. sp. — Sousa (S.).

158. Heterotoma merioptera Scop. — Nebeur (S.).

159. Roudairea crassicornis Put. et Reut. nov. gen. et sp. — Tozzer (M.).

Nous donnons à ce genre nouveau le nom de l'auteur du projet de mer intérieure en Tunisie et en Algérie, le colonel Roudaire, dont la France déplore la perte récente; à Tozzer, devait être établi le canal mettant en communication le Chott El-Djerid et le Chott El-Gharsa.

160. Stenoparia Putoni Fieb. — Puits d'El-Aïa, sur les Tamarix (M.).

161. Xenocoris venustus Fieb. — Tunis, sur les Tamarix.

162. Macrotylus nigricornis Fieb. — Tunis.

163. Macrotylus Paykuli Fall. — Nebeur (S.).

164. Megalodactylus macularubra Mls.-R. — Puits d'El-Aïa, Gafsa (M.).

165. Tuponia Hippophaes Mey. — Puits d'El-Aïa, Gabès (M.).

166. Tuponia Tamaricis Perris. — Gafsa (S.).

167. Psallus sanguineus F. — Aïn-Draham (S.).

168. Psallus ancorifer Fieb. — Nebeur, Sousa, El-Djem (S.).

169. Campylomma Zizyphi Put. et Reut. nov. sp. — Aïn-Segoufta, sur le Zizyphus Lotus (M.).

HYDROCORISES.

170. Apassus luridus Germ. — Tozzer (M.).

Cet exemplaire portait sur le dos sa plaque d'œufs qui s'est détachée dans le voyage. Cette plaque est composée d'une soixantaine d'œufs assez gros et assez régulièrement rangés en lignes; ils sont fixés par un mucilage qui se voit à la face inférieure.

171. Naucoris conspersus Stål. — Gabès (S.).

172. Nepa cinerea L. var. **minor.** — Oued Tessa, Sidi-Mohamed-ben-Ali, Oued Bateha, Oued Eddedj. Gafsa, Gabès.

J'ai déjà observé dans la *Faunule de Biskra* que les exemplaires africains sont bien plus petits que les européens, mais je n'ai pas pu y trouver d'autre différence que la taille. Les exemplaires de Tunisie sont semblables à ceux de Biskra.

173. Plea minutissima F. — Gabès.

174. Anisops producta Spin. — Kairouan (S.).

175. Notonecta glauca L. — Aïn-Draham (S.).

176. Corixa atomaria Illig. — Kairouan (S.).

177. Corixa transversa Illig. — Aïn-Draham (S.).

178. Corixa hieroglyphica Duf. — Oum-Ali (M.).

179. Corixa vermiculata Put. — Oudref (M.).

180. Sigara lævissima Put. nov. sp. — Oudref (M.).

181. Sigara Scholtzii Fieb. — Gabès (S.).

CICADINES.

182. Cicadetta cantans F. — Aïn-Draham, Ellez, Makteur, El-Djem [1].

183. Cicadetta æstuans F. — Aïn-Draham.

184. Cicadetta annulata Brullé. — Sousa.

Cette espèce se trouve aussi à Oran.

185. Cicadetta tibialis Pz. — Nebeur.

186. Cixius pilosus Ol. — Aïn-Draham.

187. Oliarus concolor Fieb. — Aïn-Draham.

188. Hysteropterum maroccanum Leth. — Oued Marguelil.

189. Delphax propinqua Fieb. — Aïn-Draham.

190. Tettigometra afra Kb. — Aïn-Draham, Kessera.

191. Tettigometra brachycephala Fieb. — Aïn-Draham.

192. Tettigometra virescens Pz. — Aïn-Draham, Oued Marguelil.

193. Tettigometra impressifrons Mls. — Kessera.

194. Tettigometra picta Fieb. — Aïn-Draham, Kessera, Sidi-el-Hani.

195. Tettigometra obliqua Pz. — Aïn-Draham, Kessera.

196. Tettigometra costulata Fieb. — Tunis, Kessera, Sidi-el-Hani.

197. Ptyelus spumarius L. — Aïn-Draham.

198. Ptyelus campestris Fall. — Kessera.

199. Megophthalmus scanicus Fall. — Aïn-Draham.

200. Chiasmus translucidus Mls.: Rey. (Brachyptère). — La Goulette, Mekalta, Sfax.

201. Acocephalus carinatus Stål. — Aïn-Draham.

202. Acocephalus striatus F. — Aïn-Draham.

203. Acocephalus assimilis Sign. — Aïn-Draham.

204. Agallia sinuata Mls.-R. — Aïn-Draham, Kessera.

---

(1) Toutes les Cicadines ont été récoltées par M. Sedillot.

205. Agallia venosa Fall. — Nebeur.

206. Idiocerus tæniops Fieb. — Nebeur.

207. Pediopsis bipunctata Leth. — Aïn-Draham.

208. Pediopsis dispar Fieb. — Aïn-Draham.

209. Phlepsius intricatus H.-S. — Tunis.

210. Jassus modestus Scott. variet. — Aïn-Draham.

211. Cicadula sexnotata Fall. — Aïn-Draham.

212. Thamnotettix fenestratus H.-S. — Sousa, Kessera.

213. Thamnotettix viridinervis Kb. — Aïn-Draham.

214. Thamnotettix flaveolus Boh. — Aïn-Draham.

Espèce boréale qu'il est très curieux de retrouver en Tunisie; elle n'a pas encore été rencontrée en France.

215. Thamnotettix tenuis Germ. — Kessera.

216. Thamnotettix opacus Kb. — Aïn-Draham, Kessera.

217. Thamnotettix apicatus Leth. ♀. — Aïn-Draham (S.).

L'individu mâle était seul connu et décrit; M. Lethierry a bien voulu décrire la femelle, pour cette notice, sur les exemplaires trouvés par M. Sédillot.

218. Athysanus Pallasii Leth. — Gafsa.

219. Athysanus stactogalus Am. — Île de Djerba.

220. Deltocephalus rhombifer Fieb. — Aïn-Draham, Kessera.

221. Deltocephalus striatus L. — Aïn-Draham, Kessera.

222. Chlorita Solani Kollar. — Aïn-Draham.

223. Eupteryx Melissæ Curt. — Nebeur, Kessera.

SUPPLÉMENT.

1° Espèces indiquées en Tunisie par M. Ferrari.

224. Odontotarsus caudatus Kl.

225. Psacasta cerinthe F.

226. Psacasta conspersa Fieb.

227. Cydnus nigrita F.

228. Sehirus morio L.

229. Sciocoris maculatus Fieb.

230. Sciocoris sulcatus Fieb.

231. Eysarcoris inconspicuus H.-S.

232. Peribalus distinctus Fieb.

233. Carpocoris nigricornis F.

234. Carpocoris maculicollis Dall.

235. Centrocoris spiniger F.

236. Enoplops bos Dohrn.

237. Coreus hirticornis F.

238. Micrelytra fossularum Ross.

239. Maccevethus errans F.

240. Lygæus longulus Dall. (sous le nom de *L. concinnus* Dall.).

241. Henestaris laticeps Curt.

242. Engistus boops Duf.

243. Geocoris siculus Fieb.

244. Plociomerus calcaratus Put.

245. Rhyparochromus prætextatus H.-S.

246. Rhyparochromus puncticollis Luc.

247. Plinthisus Putoni Horv.

248. Peritrechus geniculatus Hah.

249. Peritrechus gracilicornis Put.

250. Beosus luscus F.

251. Emblethis arenarius L.

252. Notochilus contractus H. S.

253. **Notochilus longicollis** Fieb.
254. **Notochilus marginicollis** Luc.
255. **Pyrrhocoris apterus** L.
256. **Piesma Atriplicis** Frey.
257. **Piesma maculata** Lap.
258. **Dictyonota Putoni** Stål.
259. **Monanthia maculata** H.-S.
260. **Monanthia Humuli** F. (1).
261. **Lopus mat** Rossi.
262. **Phytocoris punctum** Reut.
263. **Lygus conspurcatus** Reut.
264. **Orthocephalus brevis** Pz. (2).
265. **Orthocephalus Doriæ** Reut.
266. **Laurinia fugax** Reut.
267. **Dicyphus hyalinipennis** Klg.
268. **Orthotylus pusillus** Reut.
269. **Orthotylus rubidus** Put.
270. **Orthotylus flavosparsus** Sahlb.
271. **Pastocoris Putoni** Reut.
272. **Tragiscocoris Fieberi** Mey.; Fieb.
273. **Plagiognathus onustus** Fieb.
274. **Piezostethus afer** Reut.
275. **Piezostethus obliquus** Cost.
276. **Salda lateralis** Fall.
277. **Leptopus echinops** L. Duf.
278. **Nabis sareptanus** Dohrn.
279. **Coranus subapterus** de G.
280. **Coranus niger** Ramb.
281. **Amphibolus Kerimii** Reut.
282. **Harpactor maurus** F.
283. **Pirates hybridus** Scop.
284. **Pirates strepitans** Ramb.
285. **Pasira dimidiata** Stål.
286. **Reduvius pallipes** Klg.
287. **Sastrapada Bærensprungi** Stål.

---

(1) Peut-être *Monanthia nassata* Put.

(2) Peut-être *Orthocephalus coracinus* Fieb. et Put.

288. **Oncocephalus squalidus** Rossi.

289. **Oncocephalus pilicornis** H.-S.

290. **Cerascopus domesticus** Scop.

291. **Gerris gibbifera** Schum.

292. **Microvelia pygmæa** Duf.

293. **Naucoris maculatus** F. [1].

294. **Tettigia barbara** Stål.

295. **Conosimus Violantis** Ferr.

296. **Hysteropterum bilobum** Fieb.

297. **Hysteropterum Doriæ** Ferr.

298. **Hysteropterum algiricum** Luc.

299. **Almana hemiptera** Costa.

300. **Dictyophora europæa** L.

301. **Delphax striatella** Fall.

302. **Tettigometra atra** Hgb. [2].

303. **Ptyelus lineatus** L.

304. **Oxyrhachis Delalandei** Fair.

305. **Eupelix cuspidata** F.

306. **Thamnotettix alboguttatus** Leth.

307. **Thamnotettix abalia** Fieb.

308. **Athysanus tæniaticeps** Kb.

309. **Athysanus Lauræ** Ferr.

310. **Athysanus dubius** Ferr.

311. **Athysanus plebeius** Zett.

312. **Goniagnathus brevis** H.-S.

313. **Goniagnathus guttulinervis** Kb.

314. **Zygina parvula** Boh.

2° Espèces récoltées par MM. Marius Blanc et Deschamps.

315. **Tholagmus flavolineatus** Fab. — Dar-el-Bey (Deschamps).

316. **Cænocoris Nerii** Germ. — La Goulette (Blanc), très commun sur les Lauriers-Rose.

317. **Blissus hirtulus** Klg. — La Goulette (Blanc).

318. **Macropterna convexa** Fieb. — La Goulette (Blanc).

319. **Metopoplax fuscinervis** Stål. — La Goulette (Blanc).

---

(1) Peut-être *Naucoris conspersus* Stål.

(2) Peut-être *Tettigometra afra* Kb.

320. Piezoscelis Putoni Reut. — Dar-el-Bey (Deschamps).

Cette espèce est décrite dans un des derniers cahiers (1885, p. 215) de la *Revue d'entomologie*.

321. Aradus flavicornis Dalm. — Dar-el-Bey (Deschamps).

322. Piezostethus galactinus Fieb. — Dar-el-Bey (Deschamps).

323. Pirates ululans Rossi. — Dar-el-Bey (Deschamps).

324. Reduvius villosus Fab. — Dar-el-Bey (Deschamps).

3° Espèces reçues de M. Valery Mayet après la rédaction.

325. Cicadatra querula Pallas. — Gafsa.

Cette espèce est commune dans la Russie méridionale et la Perse; j'en ai cependant vu un exemplaire du midi de la France.

326. Chlorita nervosa Fieb. — Puits d'El-Aïa, sur les Tamarix.

327. Chlorita biskrensis Leth. — El-Guettar.

DESCRIPTION DES ESPÈCES NOUVELLES.

Amaurocoris aspericollis Put. nov. sp.

Taille, forme et couleur de l'*A. laticeps* Stål., dont il ne diffère que par les caractères suivants : aspect mat sur la tête et le pronotum, dont la ponctuation est très différente. Tête à ponctuation beaucoup plus dense, plus forte et rugueuse en travers. Pronotum entièrement couvert, excepté sur les cicatrices, de points très serrés, forts, transverses et surmontés en avant d'une élévation aiguë comme une râpe. Écusson beaucoup moins fortement ponctué que le pronotum, mais plus que dans l'*A. laticeps*. Élytres comme chez ce dernier, mais leur marge, comme celle du pronotum, frangée en dessous de poils bien plus longs, plus nombreux et dirigés en arrière. Antennes testacées, plus longues et plus grêles, troisième article d'un quart plus court que le deuxième, tandis que dans l'*A. laticeps*, le deuxième article est un peu plus court que le troisième, qui est manifestement plus épais.

Tozzer. Un seul exemplaire découvert par M. Valery Mayet.

Geocoris scutellaris Put. nov. sp.

Un peu plus petit et plus étroit que le *G. siculus* Costa; d'un flave livide, glabre. Tête avec une tache brune, longitudinale, irrégulière et vague de chaque côté de la ligne médiane. Antennes noires, le dernier article jaunâtre. Pronotum plus large que long, beaucoup plus densement et plus uniformément ponctué que le *G. siculus;* ces points sont noirâtres et en outre le disque est vaguement rembruni excepté sur les bords et sur la ligne médiane; celle-ci est lisse et forme une sorte de faible carène étroite et peu élevée. Écusson d'un brun noir, fortement et densement ponctué ; de chaque côté de sa base une tache allongée flavescente ainsi que le sommet. Élytres d'un testacé très pâle sans taches et à ponctuation concolore; une ligne de points très régulière sur le clavus et deux au bord clavaire de la corie; la moitié apicale de la corie assez finement ponctuée, la moitié basale sans points. Membrane entière, transparente. Dessous du corps noirâtre, connexivum jaunâtre, orifices et hanches blanchâtres. Pattes testacées, cuisses légèrement rembrunies à la base. Rostre noir avec l'extrémité des articles roussâtre. — Long. $3^{mm}\frac{1}{3}$.

Kairouan. Un seul exemplaire découvert par M. Sédillot.

Cette espèce se distingue de toutes celles que je connais par les taches jaunâtres de la base de l'écusson.

Rhyparochromus heteronotus Put. nov. sp.

Oblong, très brillant, comme vernissé. Tête d'un brun roux, brillante, à points très fins et très espacés, les intervalles lisses; aussi longue que large à la base avec les yeux; ceux-ci assez saillants; épistome roux. Antennes robustes et atteignant à peu près le niveau du milieu de l'écusson, d'un testacé pâle, le dernier article noir, ayant presque le double de la longueur du précédent, le premier article dépassant un peu l'épistome, le deuxième et le troisième un peu renflés tout à fait au sommet, le troisième d'un tiers plus court que le second. Pronotum en carré aussi long que large; le lobe antérieur, qui en occupe les trois quarts, convexe, d'un brun roux tout à fait lisse et brillant, séparé du rebord latéral par une ligne de points, d'où partent cinq ou six soies très longues et semi-couchées; lobe postérieur d'un testacé pâle à points forts et très espacés; calus huméral assez saillant et faisant suite à un rebord latéral assez aigu; le rebord antérieur étroit, testacé, limité par une ligne de points. Écusson d'un brun noir brillant, faiblement ponctué à la base, plus fortement sur la seconde moitié qui est un peu carénée. Élytres brillantes, d'un jaune testacé, avec quelques soies jaunâtres, très fines, mais extrêmement longues comme celles du pronotum et semi-couchées en arrière; clavus sans taches et avec trois lignes de points forts, bien régulières; corie assez fortement ponctuée avec une grande tache brune en ovale transverse au niveau de l'extrémité du clavus. Membrane enfumée, avec le bord apical blanchâtre, laissant à découvert le dernier segment abdominal. Connexivum et ventre d'un jaune testacé, sans taches; ventre revêtu d'un duvet fin, jaunâtre et très serré. Milieu des segments pleuraux d'un brun roux. Propleures lisses, métapleures ponctuées. Pattes en entier d'un jaune testacé pâle; premier article du tarse postérieur plus long que les suivants réunis, fémurs antérieurs fortement renflés, mais je ne puis en voir la denticulation, l'insecte étant collé. — Long. 4^{mm}.

Un seul exemplaire trouvé par M. Sédillot entre Gabès et Bir Marabot.

Cet insecte, qui a la taille du *R. antennatus* Schill., mais est moins élargi en arrière, diffère de tous ses congénères par la couleur pâle du lobe postérieur du pronotum qui est anormale dans ce genre. Il a une analogie singulière pour le brillant, l'aspect, la couleur et le dessin avec l'*Anepsiocoris encaustus* Put., qui se trouve dans les sables de Biskra, et il a probablement des mœurs analogues.

Monanthia (Platychila) **lanigera** Put. nov. sp.

Oblongue, déprimée, d'un testacé jaunâtre, une bande vague, rembrunie, peu apparente, en travers des élytres au niveau de leur milieu; dessus du corps couvert d'une pubescence laineuse, très serrée, formée par des poils très courts et recourbés en crochet. Tête petite; épines céphaliques peu visibles. Antennes très finement pubescentes, très courtes (très notablement plus courtes que dans la *M. Cardui* L.), testacées, le quatrième article noir, très court et très renflé, à peine deux fois aussi long que large, le troisième à peu près deux fois et demie aussi long que le quatrième, les deux premiers courts, noduleux. Pronotum à marge étendue comme dans la *M. Cardui*, mais bien plus dilatée et plus arrondie dans sa moitié antérieure, ses cellules petites, irrégulières et peu faciles à voir à cause de la pubescence (je les crois cependant disposées en deux séries). Disque du pronotum très pubescent, ampoule carénée, en hexagone assez petit; carènes assez élevées, avec une série de petites cellules. Marge des élytres avec deux rangées de cellules bien apparentes et assez grandes; celles du milieu, qui sont au niveau de la bande brune transverse, sont plus petites et à réseau noirâtre. Disque des élytres plat, à cellules ponctiformes, peu visibles; espace latéral étroit. Dessous du corps et pattes testacés, poitrine brune. — Long. $3^{mm}\frac{1}{2}$.

Un exemplaire trouvé à Aïn-Draham par M. Sédillot. J'en possède un autre provenant de Philippeville (Algérie).

Cette espèce, qui doit se placer près de la *M. angustata* H.-S., en diffère par sa forme plus courte, son pronotum beaucoup plus élargi et plus arrondi en avant, ses antennes plus courtes, sa surface laineuse, etc. — Elle est plus grande et plus large, surtout en avant, que la *M. grisea* Germ., et sa pubescence est plus longue et moins feutrée.

ISCHNOSCELICORIS Reut.

Ischnoscelis Reut., *Oefvers. Finska Vet. Soc. Forh.* XXII, p. 15 (1879)[1].

Corpus subelongatum, fere glabrum, opaculum, capite sat parvo, fronte parum declivi, ipso apice supra basin clypei autem subito perpendiculari, clypeo verticali, fortiter prominente, basi a fronte impressione profunda discreto, gula horizontali; rostro gracili, coxas intermedias haud superante; antennis corpore longioribus, articulo primo pronoto paullo breviore; lateribus pronoti sub-sinuatis, margine ejus basali late rotundato; xypho prosterni excavato marginibus elevatis; femoribus omnibus valde gracilibus, linearibus, anum haud vel paullulum superantibus; tarsis longis articulo primo secundo longitudine subæquali.

Generi *Phytocoris* Fall., H. Sch. sat affinis, differt rostro breviore, antennarum articulo primo setis rigidis destituto, femoribus gracilibus, linearibus, haud compressis structuraque tarsorum longorum. A genere *Calocoris* Fieb. structura capitis et tarsorum, corpore graciliore, femoribus etiam posticis saltem maris linearibus distinguendus. Corpus subelongatum, opaculum, subglabrum. Caput basi pronoti saltem duplo angustius, fere æque longum ac latum, a latere visum altitu-

---

(1) Nom déjà employé dans les Coléoptères par Burmeister, 1842.

dini æque longum, fronte parum declivi, sed ipso apice subito perpendiculari, clypeo verticali, fortiter prominente, basi impressione profunda discreta in linea intermedia oculorum posita, bucculis linearibus, genis maris valde humilibus, gula fere horizontali. Oculi maris magni. Rostrum apicem coxarum intermediarum vix superans, articulo primo medium xyphi prosterni haud attingente. Antennæ in sinu oculorum in linea intermedia positæ, articulo primo setis rigidis exsertis destituto, lineari, pronoto paulo breviore. Pronotum transversum, basi late rotundatum, lateribus subsinuatis, disco versus apicem convexo-declivi, callis discretis, linea transversali impressa notatis, strictura annuliformi apicali articulo secundo antennarum crassitie æquali. Hemielytra completa, cuneo elongato, exitu venæ brachialis in membranam longe supra incisuram cunei posita, hac vena membranæ recta, margini interiori cunei parallela. Xyphus prosterni excavatus. Mesosternum transversim sat convexum. Metastethium orificiis bene distinctis, inferne et apice marginatis. Coxæ anticæ medium mesosterni subattingentes. Pedes femoribus gracilibus, linearibus, posticis anum vix vel paullo superantibus, tibiis longis, teretibus, brevius spinulosis, tarsis longis, articulo primo secundo longitudine subæquali, tertio duobus primis simul breviore, unguiculis sensim levius curvatis, aroliis divaricatis.

Ischnoscelicoris rubrinervis Reut.

Ischnoscelis rubrinervis Reut. loco supra citato.

Pallide flavens, superne rubido-albus, articulo antennarum primo, pronoto et scutello, linea percurrente albida excepta, corio commissura, vitta interna juxta venam brachialem, cuneo intus, venis membranæ brachiali et connectente necnon apicibus femorum præcipue posticorum dilute purpureis, pronoto satis pallido; vena clavi præcipue extus, vena brachiali corii venaque cubitali areolarum membranæ fusco cinctis, membrana limbo interno vittaque infra apicem venæ cubitalis usque ad apicem limbi apicalis ducta fuscis, membrana cæterum opalina; oculis maris magnis in genas longissime prolongatis; vertice maris medio oculo $\frac{1}{4}$ - fere $\frac{1}{3}$ angustiore. — ♂ Long. $8^{mm}\frac{1}{2}$.

Tunetia : Oued Batcha (Valery Mayet); etiam in Algeria (Mus. Helsingfors.).

Corpus subelongatum, pallide flavens, superne rubido-album, subglabrum, ventre parcius pallido-pubescente. Caput basi pronoti saltem duplo angustius, rubido-album, fronte utrinque striis transversalibus sanguineis; vertice (♂) oculo $\frac{1}{4}$ - fere $\frac{1}{3}$ angustiore. Oculi magni, convexi, fortiter granulati, fusci. Rostrum apice nigro-piceum. Antennæ pallide flaventes, subtiliter pallido-pubescentes, pilis in certa directione fuscis, articulo primo sanguineo, secundo primo circiter triplo longiore, lineari, tertio secundo circiter $\frac{2}{7}$ breviore. Pronotum basi longitudine circiter dimidio et apice triplo latius, lateribus subsinuatis, rubido-album vel pallide sanguineum, linea longitudinali albida. Scutellum sanguineum, linea longitudinali alba. Hemielytra albida, parce brevissime nigro-pubescentia, ipsa commissura corii vittaque interna ad venam cubitalem, limbo laterali corii versus apicem, cuneo, margine laterali excepto, venis membranæ brachiali et sæpe etiam connectente sat dilute sanguineis; vitta exteriore ad venam clavi, vitta apicalem partem venæ brachialis corii includente, apice cunei, areolis membranæ ad suturam late, minore tota, limbo interiore membranæ vittaque infra apicem areolæ majoris usque ad apicem membranæ ducta fuscis. Corpus inferne pallide flavens, ventre lateribus segmentoque genitali maris fuscis. Pedes pallide flaventes, ipso apice femorum dilute sanguineo, femoribus posticis ante apicem latius sanguineis vel fuscis, tibiis pilis brevissimis nigris asperulis, nigro-spinulosis, apice tibiarum, tarsis unguiculisque subtestaceis.

(Reuter.)

Calocoris Sedilloti Put. nov. sp.

Noir, opaque avec une pubescence dorée très fugace en dessus. Côtés de la tête largement jaunâtres au bord interne des yeux, ainsi qu'une bordure étroite au bord postérieur du pronotum et une ligne longitudinale depuis le milieu de l'écusson jusqu'à sa pointe. Bord externe de la corie avec une belle bordure blanchâtre, bien régulière, qui s'arrête près de la base du cuneus; celui-ci avec une bordure semblable au côté externe, n'atteignant ni la base ni l'extrémité. Antennes de la longueur du corps, noires, la moitié basale du deuxième et du troisième article roussâtre. Ventre avec une large tache d'un blanc jaunâtre qui occupe toute sa base et son milieu; connexivum maculé de roussâtre; bord postérieur des segments pleuraux et orifices blanchâtres. Hanches noires; fémurs et tibias d'un testacé pâle; ceux-ci avec des poils spiniformes noirs, implantés sur un point noir; les fémurs légèrement marbrés de petites taches brunes plus ou moins confluentes. — Long. $6^{mm} \frac{1}{2}$.

Aïn-Draham. Découvert par M. Sédillot.

Extrêmement voisin du *C. ventralis* Reut., dont il n'est peut-être qu'une variété; cependant dans le *C. ventralis* le cuneus a une tache transversale qui va d'un bord à l'autre, tandis que dans notre espèce il n'y a qu'une étroite bordure externe, ce qui devrait être le contraire, puisqu'elle a une bordure à la corie, et que les pattes et la tête sont moins noires.

Dicyphus Tamaricis Put. nov. sp.

Allongé, presque glabre; tête, pronotum, écusson et dessous du corps d'un vert très pâle, élytres blanchâtres, transparentes. Tête courte, globuleuse, tout à fait sans taches noires excepté sur le clypeus; yeux saillants, peu éloignés du bord antérieur du pronotum; bourrelet postérieur de la tête étroit et saillant. Antennes presque glabres, le premier article noir avec la base et le sommet étroitement blanchâtres; le deuxième article long, son quart basal noir, le quart apical légèrement rembruni, le milieu blanchâtre (les autres articles manquent). Pronotum glabre, brillant, unicolore, son bourrelet antérieur étroit et saillant comme celui de la tête; callosités lisses, élevées en bourrelet, séparées sur la ligne médiane par une fossette; sillon transverse qui limite postérieurement les callosités situé avant le milieu du pronotum dont le lobe postérieur est plus mat que l'antérieur. Écusson assez largement noir au sommet, complètement dépourvu des callosités blanchâtres que l'on remarque dans plusieurs espèces du genre. Élytres complètes, d'un blanchâtre brillant, à pubescence blanche extrêmement fine et courte, à peine visible; l'extrémité du cuneus avec une tache noire très apparente et une autre aussi apparente au milieu du bord postérieur du corium; moitié apicale du clavus vaguement enfumée. Membrane entière, transparente, ses nervures fortes et rembrunies à l'extrémité. Pattes d'un flavescent très pâle, presque glabres, non ponctuées de noir, mais les tibias postérieurs et intermédiaires ayant à la base, au genou même, une grosse tache noire très apparente; dernier article des tarses noir. — Long. $3^{mm}\frac{1}{3}$.

Île de Djerba, sur les Tamarix, découvert par M. Valery Mayet.

Cette espèce vient se placer après le *D. hyalinipennis* Fieb., mais elle a la tête plus courte; elle se distingue de toutes ses congénères par sa tête sans taches noires, ses pattes imponctuées et ses genoux avec une grosse tache noire.

Dicyphus Sedilloti Put. nov. sp.

Extrêmement voisin, pour la taille, la forme et le dessin, du *D. annulatus* Wolff, il n'en diffère que par les caractères suivants : tête flavescente sur les côtés et d'un brun peu foncé sur la ligne médiane, au lieu d'être noire avec quatre taches pâles en croix. Antennes plus annelées de blanc, beaucoup plus courtes et les deuxième et troisième articles très notablement renflés au sommet; les troisième et quatrième réunis un peu moins longs que le deuxième, tandis qu'ils sont plus longs dans le *D. annulatus;* leur longueur totale dépasse à peine le bord postérieur du pronotum, tandis que dans le *D. annulatus* elle le dépasse de tout le quatrième article; les articles troisième et quatrième sont subégaux en longueur, mais le quatrième est beaucoup plus grêle. Pronotum presque sans taches, mais l'angle antérieur forme à l'extrémité externe du bourrelet un calus d'un noir foncé et brillant. Écusson plus pâle et par conséquent les calus blanchâtres moins sensibles. Tibias non ponctués de noir, excepté les postérieurs et sur le quart basal seulement, la tache des genoux très apparente; tarses plus pâles. — Long. $2^{mm}\frac{3}{4}$.

Sousa. Découvert par M. Sédillot.

Campylomma Zizyphi Put. et Reut. nov. sp.

Inferne virescens, pectore lurido vel pectore ventrisque medio lurido-fuscis, superne pallide lividum vel grisescenti-albidum, longe fusco-pubescens, pilis in lumine certo flavis; capite basique scutelli ochraceis, clypeo concolore vel apice piceo; antennis (♂) articulo primo annulo ante apicem secundoque basi nigris, hoc latitudini capitis æque longo; hemielytris totis innotatis; femoribus parcius nigro-punctatis; oculis maris in genas paullo infra basin lorarum productis; rostro coxas posticas attingente. — Long. ♂ $2^{mm}\frac{1}{2}$-$2^{mm}\frac{3}{4}$.

Habitat in *Zizypho Loto,* in Tunetia ad Aïn Segoufta (Valery Mayet).

C. Verbasci H. Sch. omnium simillima et vix nisi corpore inferne dilutiore, hemielytris totis unicoloribus, femoribus parcius punctatis oculisque brevioribus distinctum; a *C. Nicolasi* Put. et Reut. colore obscuriore, annulo articuli antennarum primi externe haud interrupto oculisque brevioribus divergens.

(Reuter.)

ROUDAIREA Put. et Reut. nov. gen. divisionis *Oncotylaria* Reut.

Corpus oblongum, superne nitidulum; capite leviter nutante, fronte parum declivi, clypeo compresso, prominente, a latere viso sat lato, perpendiculari, versus basin autem subito in angulum obtusum curvato, ipsa basi supra lineam intermediam oculorum et fere in plano frontis posita, bucculis excurvatis, gula horizontali; rostro medium mesosterni paullo superante, articulo primo caput haud superante; antennis maris paullo infra lineam intermediam oculorum insertis, crassis, præcipue articulis duobus primis fortiter incrassatis; pronoto minus fortiter transverso, convexo, antice deplanato et apice sat crasse submarginato, lateribus versus apicem marginatis, versus basin sinuatis; alis hamo ab origine venæ decurrentis sat longe remoto; mesosterno apice piloso; tibiis nigrospinosis, basin versus muticis, tarsis articulo tertio secundo longitudine æquali vel parum longiore, unguiculis mediocribus, apicem versus leviter curvatis, dente basali obtuso, aroliis haud distinguendis.

Generi *Amblytylus* (Fieb., Reut.) proxima videtur, structura capitis, rostri, antennarum et pedum mox distincta. Corpus oblongum, superne sat nitidulum. Caput pronoto brevius et multo angustius, leviter nutans, ab antico visum fere æque longum ac latum, a latere visum altitudine longius, fronte leviter declivi, clypei basi in plano frontis posita, clypeo paullo infra basin angulariter curvato, dein perpendiculari, compresso, a latere viso sat lato, angulo faciali recto, loris discretis obliquis, bucculis linearibus, excurvatis, longe pilosis, gula sat brevi, horizontali. Oculi maris sat magni, leviter granulati, in lateribus capitis leviter oblique positi et fere usque ad gulam extensi, orbita interiore late sinuati. Rostrum medium mesosterni paullo superans, articulo primo caput haud superante. Antennæ in sinu oculorum paullo infra lineam intermediam insertæ, articulis duobus primis fortiter incrassatis, primo apicem clypei nonnihil superante, tertio etiam sat crasso, quarto?. Pronotum sat leviter transversum, basi truncatum, angulis basalibus late rotundatis, lateribus basin versus sinuatis, in parte apicali marginatis, disco fortius convexo-declivi, antice deplanato, callis fortiter distantibus, parum discretis, sed magnis orbicularibus, apice sat crasse submarginato.

margine apicali levissime sinuato. Hemielytra completa, cuneo elongato, membrana areolis elongatis. Alarum areola hamo a vena sustensa longius ab origine venæ decurrentis emisso. Xyphus prosterni marginatus. Mesosternum basin versus angustatum, apice late truncatum, disco apicem versus longius pilosum. Coxæ anticæ medium mesosterni haud attingentes. Tibiæ sat robustæ, nigro-spinulosæ, basin versus longius muticæ, ad apicem subcompressæ. Tarsi articulo tertio secundo longitudine æquali vel vix longiore, unguiculis mediocribus, apicem versus leviter curvatis, dente basali obtuso, aroliis haud distinguendis.

Roudairea crassicornis Put. et Reut.

Pallide straminea vel livida, pilis micantibus subargenteis subtilius pubescens, antennis luridis, densissime pallido-tomentosis, pilis brevibus fuscis intermixtis; callis pronoti, basi scutelli tarsisque subtestaceis, femoribus inferne sat obsolete seriatim fusco-punctatis; pronoto in tertia antica parte punctis duobus sat remotis nigro-fuscis; hemielytris vitta longitudinali partem exteriorem clavi et interiorem corii occupante per venam cubitalem membranæ prolongata fusca, membrana etiam limbo externo pone maculam hyalinam ad apicem cunei positam, necnon mesosterno medio fuscis. — Long. ♂ 6mm $\frac{2}{5}$.

In Tunetia ad Tozzer a cl. Valery Mayet detecta.

Corpus oblongum, pallide stramineum vel lividum, breviter subargenteo-pubescens (pilæ nigræ detritæ? in basi hemielytri recti una pila nigra distinguitur). Caput basi pronoti duplo angustius et pronoto circiter $\frac{1}{4}$ brevius, opaculum, vertice (♂) oculo duplo latiore. Oculi nigro-fusci. Rostrum apice piceo-nigrum. Antennæ luridæ, densissime pallido-tomentosæ, pilis intermixtis brevibus fuscescentibus, articulo secundo latitudini maximæ pronoti æquilongo, a basi usque valde incrassato, apice quam basi fere paullo graciliore, articulo tertio secundo circiter $\frac{1}{3}$ breviore. Pronotum longitudine vix dimidio latius, nitidum, sublæve, parce omnium subtilissime et obsoletissime punctatum, disco medio transversim strigosum, apice quam basi circiter $\frac{2}{5}$ angustius, lateribus sinuatis tertia parte antica marginatis; callis subtestaceis, parum distinctis, disco in tertia parte antica punctis duobus sat remotis fusco-nigris. Hemielytra vitta percurrente longitudinali usque in apicem areolarum membranæ ducta limboque membranæ exteriore pone maculam hyalinam ad apicem cunei positam apicem areolæ minoris attingentem fuscis. Mesosternum medio fuscum, apicem versus longius pallido-pilosum. Pedes dilute ochracei, femoribus anticis margine infero longe pallido-pilosis, omnibus subtus seriatim fusco-punctatis, tibiis pallidioribus, pallido-pubescentibus, apicem versus fortius nigro-spinulosis, tarsis ipso apice cum unguiculis nigro-fuscis.

(Reuter.)

Reduvius Mayeti Put. nov. sp.

Taille et forme du *R. personatus* L., mais très différent pour la couleur. Entièrement d'un testacé très pâle; pronotum et élytres avec des poils jaunâtres, raides, courts, dressés et assez serrés. Tête testacée avec le vertex brun; yeux presque contigus en dessous; antennes à premier article brun, excepté la base et le sommet qui sont roux comme le deuxième article. Pronotum à lobe antérieur brillant, une bande transverse brune, vague à la partie postérieure de ce lobe; le lobe postérieur mat, densement et finement ponctué, mais non ridé comme dans le *R. personatus*: angle antérieur formant un tubercule beaucoup moins saillant que dans le *R. personatus*. Écusson avec une petite tache brune au côté externe de la carène latérale un peu après la base; sommet en pointe fortement refléchie. Corie et membrane présentant quelques taches nébuleuses, à peine plus foncées et à peine distinctes de la couleur foncière, la plus sensible est une petite tache vers le milieu du clavus. Connexivum sans taches. Ventre avec une bande brune sur les flancs, sa surface brillante, lisse ou imperceptiblement ridée en travers avec des poils courts, clairsemés, jaunâtres et dirigés en arrière; à ligne médiane fortement et complètement en carène tranchante. Pattes d'un testacé très pâle; fossette spongieuse des tibias antérieurs occupant à peine le quart de la longueur du tibia; tous les fémurs avec le sommet brun au genou même et sur une faible étendue: les fémurs postérieurs ont en outre un court anneau brun après le milieu, visible en dessus et en avant seulement. — Long. 16 millimètres.

Oudref. Un seul exemplaire femelle découvert par M. Valery Mayet.

Le *R. testaceus* H.-S. de la Russie méridionale, qui a une couleur analogue, est plus étroit, a les pattes entièrement testacées, la corie et la membrane maculées, la pubescence plus faible, les yeux contigus en dessous, etc.

Sigara lævissima Put. nov. sp.

D'un testacé corné très pâle, subparallèle, très brillant, tout à fait lisse et imponctué en dessus. Tête d'un testacé blanchâtre sans taches, assez convexe en avant, lisse avec quelques points très fins et sans ordre au côté interne des yeux; bord postérieur presque droit avec une petite élévation au milieu. Pronotum en ellipse transverse, très convexe en travers, à surface lisse et brillante, à bord postérieur presque aussi arqué que l'antérieur, à bord latéral court, obtus. Élytres non rétrécies à la base, subparallèles ou à peine visiblement plus larges au milieu, brillantes et lisses à la loupe et ne paraissant un peu pointillées qu'à un grossissement très fort, d'une couleur uniforme qui ne laisse entrevoir que des apparences de taches nébuleuses très faibles. Dessous du corps et pattes d'un flave blanchâtre sans taches. — Long. $3^{mm}\frac{2}{3}$.

Oudref. Un seul exemplaire découvert par M. Valery Mayet.

Cette espèce, à peine plus grande que le *S. Scholtzii* Fieb., en est bien différente par sa surface lisse, sa forme subparallèle, non rétrécie en avant et la forme de son pronotum non anguleux en avant. Par sa forme, elle se rapproche plus du *S. scutellaris* Stål, mais cette espèce d'Égypte est bien plus grande, pointillée et plus obscure.

Thamnotettix apicatus Leth. – ♀.

Vertex semi-circulaire en avant, de même forme que chez le mâle, jaunâtre, très finement bordé de noir en avant. Front noirâtre avec une ligne jaune longitudinale médiane n'atteignant pas le sommet. Joues et clypeus jaunes, ce dernier avec un petit trait noir au milieu. Pronotum et écusson jaunes. Élytres coriacées jaunes, beaucoup plus courtes que l'abdomen, obliquement arrondies chacune en arrière, noirâtres à leur extrémité sur une faible étendue. Abdomen noir, ses derniers segments jaunes en dessus. Pattes en grande partie noirâtres, conformées comme chez le mâle, mais moins foncées, et avec les tibias postérieurs pâles à la base. Valves (coleostrum) noirâtres en dessous à la base, flaves en dessus et à l'extrémité, ornées de soies dressées flaves. Tarière d'un flave ferrugineux, plus longue que les valves et les dépassant notablement. — Long. 6 millimètres.

Découvert à Aïn-Draham par M. Sédillot. — L'individu mâle était seul connu et décrit.

(LETHIERRY.)

www.ingramcontent.com/pod-product-compliance
Ingram Content Group UK Ltd.
Pitfield, Milton Keynes, MK11 3LW, UK
UKHW020515180726
13839UKWH00005B/2091